AF593149

CHAUX, MARNE

ET CALCAIRES COQUILLIERS

EUR EMPLOI POUR L'AMENDEMENT DU SOL

Evreux, A. Hérissey, imprimeur. — 458.

CHAUX, MARNE
ET CALCAIRES COQUILLIERS
LEUR EMPLOI POUR L'AMENDEMENT DU SOL

PAR

J.-Isidore PIERRE

Membre correspondant de l'Institut de France,
Professeur de chimie générale et de chimie appliquée à l'agriculture
à la Faculté des sciences de Caen, etc.

DEUXIÈME ÉDITION
Entièrement refondue.

PARIS
LIBRAIRIE CENTRALE D'AGRICULTURE ET DE JARDINAGE
QUAI DES GRANDS-AUGUSTINS, 41
— **Auguste GOIN**, éditeur. —

1858

AVANT-PROPOS.

L'emploi des amendements calcaires s'est tellement répandu depuis un quart de siècle ; il a produit, dans beaucoup de pays, une révolution si salutaire au point de vue de la production agricole en général, que toute publication qui se rapporte à cette question est sûre d'avance d'obtenir un bon accueil.

Ayant pris, il y a quelques années, pour texte de mes *Leçons de Chimie appliquée à l'Agriculture*, l'étude des amendements calcaires, je fus amené, pour satisfaire au désir exprimé par plusieurs des personnes qui me firent l'honneur d'assister à mes leçons, à publier un résumé des leçons faites sur la chaux, sur la marne et sur les calcaires coquilliers, considérés comme amendements.

Je ne pensais pas alors que ces simples notions, destinées à un auditoire bienveillant, mais circonscrit, pussent mériter les honneurs d'une réimpression.

Puisque l'indulgence des personnes qui prennent intérêt aux questions agricoles en a décidé autrement, j'ai cherché à compléter ma première ébauche, en essayant toutefois de lui conserver ce que je considère comme son principal et peut-être son seul mérite, la brièveté.

CHAUX, MARNE
ET CALCAIRES COQUILLIERS
LEUR EMPLOI POUR L'AMENDEMENT DU SOL

PREMIÈRE PARTIE

—

CHAUX.

—

CHAPITRE PREMIER.

Considérations générales sur la nécessité de la présence de la chaux dans les sols cultivés.

On désigne généralement sous le nom de substances *calcaires* toutes les substances dans lesquelles la *chaux* est un des éléments dominants.

Lorsqu'on soumet à l'analyse chimique une plante quelconque, on y trouve toujours une certaine quantité de chaux; quelques-unes même, comme certains lichens, lorsqu'on les examine desséchés, en contiennent plus de 6 p. 100 de leur poids.

On trouve donc de la chaux dans toutes les plantes cultivées qui constituent nos récoltes usuelles, et l'expérience apprend que tous les sols susceptibles d'être cultivés avec succès contiennent de la chaux en proportion plus ou moins considérable, mais rarement au-dessous de 1 ou 2 p. 100.

Parmi nos récoltes, les plus riches en chaux sont les colzas, et surtout les plantes fourragères qui constituent nos prairies artificielles : le sainfoin, le trèfle et la luzerne.

Lorsqu'une terre pauvre en principes calcaires a produit un certain nombre de récoltes, le besoin de restitution de ces principes se fait bientôt sentir, précisément par la moins belle venue des récoltes dans lesquelles on a trouvé la plus forte proportion de chaux.

Quelques exemples expliqueront mieux notre pensée à cet égard, et feront comprendre la portée des observations que nous venons de faire. Nous serons près de la vérité en admettant que, pour une même nature de récolte, la quantité de chaux prélevée sur le sol est sensiblement proportionnelle au rendement de cette récolte. Par conséquent, lorsqu'on voudra faire l'application des données qui vont suivre à une récolte déterminée, il suffira de comparer le rendement de cette dernière au rendement de la récolte de même nature inscrite au tableau ci-après, pour en conclure facilement, par une règle de trois ou par une proportion, la quantité de chaux prélevée sur un hectare par une récolte de la nature de celles qni figurent dans le tableau.

NATURE DES RÉCOLTES.		RENDEMENT ANNUEL.	QUANTITÉ DE CHAUX prélevée par la récolte sur un hectare.	
		kil.	kil.	kil.
Froment..	Grain...........	2 500	1,3	23,5
	Paille...........	6 000	22,2	
Seigle...	Grain...........	3 300	3,8	20,5
	Paille...........	6 800	16,7	
Orge....	Grain...........	1 850	0,8	17,1
	Paille...........	3 600	16,3	
Avoine..	Grain...........	1 800	3,1	21,4
	Paille...........	3 600	18,3	
Sarrasin..	Grain...........	1 500	2,9	15,5
	Paille...........	1 500	12,6	
Maïs.....	Grain...........	2 800	0,4	25,3
	Paille...........	7 500	24,9	
Fèves....	Grain...........	2 550	5,0	43,5
	Paille...........	2 640	38,5	
Pois.....	Grain...........	1 025	3,1	83,0
	Paille...........	2 930	79,9	
Vesces...	Grain...........	1 040	1,1	57,7
	Paille...........	2 900	56,6	
Colza....	Grain...........	1 500	4,3	70,7
	Paille...........	4 500	66,4	
Sainfoin à deux coupes et regain		8 000		147,8
Trèfle.....................		4 000		84,2
Luzerne.....................		8 600		150,2

En présence de ces nombres, il est facile de comprendre pourquoi certaines plantes fourragères viennent si bien dans les sols où l'élément calcaire est abondant, et pourquoi, dans les sols où cet élément n'existe qu'en minime proportion, ces mêmes récoltes n'ont de chance de réussite qu'en vertu d'une addition artificielle de calcaire.

A la vérité, les eaux pluviales peuvent apporter sur le sol une petite quantité de chaux que, d'après mes propres expériences, on pourrait évaluer à 25 kilogrammes environ par hectare et par an ; mais cette quantité est beaucoup trop faible pour compenser la perte annuelle ; d'ailleurs, il resterait encore à montrer si les eaux pluviales, en s'infiltrant dans le sol, n'entraînent pas hors de la portée des racines une quantité de chaux supérieure à celle qu'elles y apportent, et si elles n'appauvrissent pas le sol, au lieu de l'enrichir de principes calcaires.

D'ailleurs, le fait matériel est là pour constater le besoin réel d'éléments calcaires dans certains sols, où cette addition produit des résultats vraiment remarquables.

La chaux peut être introduite dans le sol sous différentes formes :

1° Sous forme de chaux en nature ;

2° Sous forme de marne ;

3° Sous forme de calcaires coquilliers divers.

Ce sont les seules substances dont nous nous occuperons ici.

La condition générale et essentielle à laquelle doit satisfaire toute substance calcaire destinée à l'amendement d'un sol où cet élément fait défaut, c'est *d'être préalablement dans un état de grande division, ou du moins d'être susceptible de se diviser promptement dans le sol.*

Voyons maintenant les qualités spéciales propres à chacune des trois espèces principales de substances calcaires dont nous devons étudier les effets.

CHAPITRE II.

CHAUX ; sa nature, ses diverses variétés, son mode de préparation. — Essai d'une pierre à chaux.

La chaux s'obtient en exposant à une température élevée, pendant un temps convenable, toutes les variétés de pierres calcaires, marbres, coquilles d'huîtres, madrépores, etc., etc. ; mais la pierre à chaux la plus ordinaire est un calcaire grossier dont on se sert souvent aussi pour la construction des édifices.

Toutes les pierres à chaux sont principalement composées de *carbonate de chaux*, c'est-à-dire de *chaux* et d'*acide carbonique* intimement unis.

L'acide carbonique est une matière aériforme qui se produit en abondance pendant la combustion du charbon ou *carbone* dont il tire son nom.

Lorsqu'on expose ainsi la pierre à chaux à une bonne température rouge, elle éprouve une transformation à laquelle on donne le nom de *cuisson ;* c'est-à-dire que le carbonate de chaux, qui constitue la partie essentielle de la pierre à chaux, perd son acide carbonique et l'eau qui se trouvait interposée entre ses molécules. La proportion d'eau s'élève tout au plus à 6 p. 100; le plus souvent elle est beaucoup moindre, et quelquefois insignifiante.

Lorsque le carbonate de chaux est parfaitement pur et la cuisson parfaite, il peut perdre jusqu'à 44 p. 100 de son poids, par suite du dégagement seul de l'acide carbonique ; mais cet état de pureté est assez rare, et, suivant la nature et les proportions de matières étrangères, la chaux possède certaines propriétés spéciales qui la rendent propre à tel ou tel usage, au point de vue industriel, propre à tel ou tel terrain, au point de vue agronomique.

Lorsque la pierre à chaux est pure, elle ne craint guère un coup de feu trop violent ; mais lorsqu'elle est un peu argileuse, elle peut éprouver, sous l'influence d'une température très-élevée, la modification connue sous le nom de *fritte*, et qui n'est autre chose qu'un commencement de fusion ou de vitrification. Les fragments qui ont subi cette surchauffe portent le nom de *biscuits*. On donne, au contraire, le nom d'*incuits* à ceux qui n'ont pas encore perdu la totalité de leur acide carbonique, par suite d'une température trop peu élevée. Les incuits offrent, pour le consommateur, les mêmes inconvénients que les biscuits.

La pierre à chaux peut être cuite par la combustion du bois, de la houille, du coke ou de la tourbe. La cuisson au bois est généralement celle qui donne la meilleure chaux ; mais c'est la plus dispendieuse. Au lieu de bois, on emploie souvent, dans les fours à chaux de petites dimensions, des bruyères, des ajoncs, des tiges de colza ou de topinambour. Les fours de très-grandes dimensions ne peuvent guère être chauffés qu'avec la houille, et, lorsque la conduite du feu est faite avec intelligence, on peut obtenir d'aussi bonne chaux qu'avec le bois. Il est d'ailleurs certaines qualités de calcaires qui ne peuvent être bien cuits qu'au moyen d'une houille de bonne qualité, comme certains bancs de calcaires durs et cristallins des terrains secondaires, qui ne peuvent être exploités qu'à coups de mine.

La chaux cuite au bois contient une petite quantité de potasse qui peut augmenter sensiblement son énergie; tandis que la chaux cuite à la houille peut, lorsque cette dernière est de mauvaise qualité, contenir une assez forte proportion de cendres siliceuses ou argileuses, susceptibles de diminuer d'une manière notable son efficacité. Cependant, lorsque la houille est de bonne qualité, en rejetant le poussier, l'on obtient de la chaux qui peut être excellente. Suivant M. Collin, lorsque la houille est sulfureuse, les produits de sa combustion transforment une partie de la chaux en sulfate de chaux (plâtre).

On distingue les chaux en quatre espèces principales, d'après leur composition chimique, et chacune de ces espèces possède des propriétés et des caractères spéciaux :

1° La chaux *pure*, désignée souvent sous le nom de *chaux grasse*. Elle se délite facilement et rapidement au contact de l'eau, en dégageant beaucoup de chaleur; elle augmente alors beaucoup de volume, ou, comme on le dit vulgairement, elle *foisonne* beaucoup et forme avec l'eau une pâte assez liante. Lorsqu'on en traite quelques grammes par l'acide chlorhydrique étendu d'eau, elle s'y dissout presque complétement sans effervescence; et, si l'on évapore jusqu'à siccité le produit de cette dissolution, le résidu est presque entièrement soluble dans l'eau. L'ammoniaque pure, versée dans la liqueur, n'y doit former tout au plus qu'un trouble insignifiant.

La chaux grasse est une des plus estimées en agriculture ; *elle est d'autant meilleure qu'elle se délite avec plus de facilité et qu'elle foisonne davantage.*

2° La chaux *maigre* ou *siliceuse* est habituellement grise ou de couleur un peu fauve; elle se délite moins facilement et foisonne beaucoup moins que la chaux grasse. Traitée par l'acide chlorhydrique, elle laisse toujours un résidu plus ou moins abondant de sable siliceux, que l'on reconnaît facilement au toucher par sa rudesse et sa dureté. Elle est moins estimée que la chaux grasse.

3° Chaux *argileuse* ou *hydraulique*. Cette chaux est ordinairement jaunâtre, difficilement délitable; elle foisonne peu, forme avec l'eau une pâte courte qui à l'air ne prend qu'une médiocre consistance, tandis qu'elle durcit considérablement sous l'eau dans l'espace de quelques jours : c'est cette dernière propriété qui lui a valu son nom de chaux hydraulique.

Traitée par l'acide chlorhydrique, cette chaux laisse toujours un résidu *argileux* insoluble qui s'élève au moins à 10 p. 100, et qui peut aller quelquefois jusqu'à 20 et même 25 p. 100. On reproche souvent à cette chaux de moins favoriser la production du grain que les précédentes, et d'être au contraire plus favorable à la croissance de la paille et des plantes fourragères. Il est indispensable de ne l'employer que lorsqu'elle est complétement éteinte; sans quoi elle pourrait former dans le sol, surtout s'il était un peu humide, une espèce de mortier qui le rendrait très-tenace et le détériorerait sûrement pour plusieurs années. Si, comme l'a remarqué M. Kuhlman, la chaux hydraulique renferme une quantité notable de potasse, elle peut avoir, en vertu de la présence de cette substance, une action toute spéciale.

4° La *chaux magnésienne* (1) est très-active; mais on s'accorde généralement pour dire qu'elle est beaucoup plus épuisante que les autres, et qu'elle exige le concours d'engrais beaucoup plus abondants.

C'est surtout à cette sorte de chaux que s'adressent plus particulièrement les reproches que l'on impute à la chaux en général, parce qu'elle a puissamment contribué à l'épuisement de certaines contrées de l'Angleterre et de l'Amérique.

La chaux magnésienne est ordinairement grise ou de couleur fauve, foisonne beaucoup moins et plus lentement que la chaux grasse; elle se dissout presque entièrement dans l'acide chlorhydrique, et la dissolution donne avec l'*ammoniaque* un précipité blanc, floconneux, et d'autant plus abondant que la proportion de magnésie est plus considérable.

---

(1) La qualification de *magnésienne* donnée à cette variété de chaux vient de ce qu'elle est mélangée de *magnésie*, substance ayant avec la chaux beaucoup d'analogie, et dont on trouve une quantité assez notable dans la plupart des graines.

CHAPITRE III.

Action de la chaux sur les éléments organiques et sur les éléments minéraux du sol.

La chaux exerce, dans les terrains auxquels on la fournit, une double action :

1° Sur les matières organiques renfermées dans le sol;

2° Sur une partie des éléments minéraux.

Action de la chaux sur les matières organiques du sol.

Davy a montré par l'expérience que les matières fibreuses végétales, épuisées par l'eau de toutes leurs parties solubles, sont susceptibles d'en fournir une nouvelle quantité après qu'on les a laissées macérer pendant quelque temps avec de la chaux. Cette dernière substance, en vertu de sa tendance à rendre solubles une foule de matières organiques difficilement décomposables, peut donc par cela même transformer ces matières en produits facilement assimilables, en excellents engrais.

Elle fait passer à l'état d'ammoniaque, avec la plus grande facilité, l'azote contenu dans des matières végétales qui eussent pu résister pendant très-longtemps à la décomposition spontanée.

Puisque la chaux désorganise avec une si grande facilité les matières végétales, elle doit produire de bons effets dans les sols nouvellement défrichés, où se trouvent quantité de feuilles, de racines et d'autres débris; dans les prairies que l'on retourne, dans les pâtis que l'on destine à la culture, dans tous les sols, enfin, riches en matières végétales surabondantes ou en mauvaises herbes qu'il est important de décomposer au profit des récoltes.

A cause de cette même action, il faut se garder de l'employer, à très-haute dose surtout, au moment des semailles, parce qu'elle pourrait désorganiser les radicelles des jeunes plantes et les faire périr.

Si la chaux possède un pouvoir désorganisateur si considérable, il est évident qu'une dose trop forte aurait pour effet d'agir à la fois sur une très-grande masse de matières; qu'il en pourra résulter une quantité de principes organiques solubles trop considérable pour être complétement absorbée par les plantes de la récolte au profit de laquelle on les voudrait utiliser. Comme ces principes solubles résistent ensuite beaucoup moins à la décomposition en produits gazeux et volatils, il en résulte que l'on aura ainsi emprunté au sol une somme de richesses supérieure à celle qui était réellement utile, et qu'il se trouvera d'autant plus appauvri aux dépens des récoltes qui suivront. C'est pour avoir méconnu ce fait que plusieurs cultivateurs ont considérablement dégradé leurs terres, et par suite ont reproché au chaulage des inconvénients dont leur maladresse ou leur ignorance était seule coupable (1).

---

(1) L'emploi de la chaux ne dispense pas de celui des engrais. Son action sur les matières organiques nous montre, au contraire,

Ces effets, et par suite la dose de chaux la plus convenable, devront donc nécessairement varier avec la nature chimique du sol naturel et avec celle du sol modifié par les cultures antérieures.

On comprend bien pourquoi les terrains les plus sensibles à l'action de la chaux sont les sols argilo-siliceux, les terres de lande et de bruyère, et certains sols tourbeux égouttés.

C'est également en vertu de ce pouvoir désorganisateur de la chaux qu'on la fait entrer dans une foule de composts, avec toutes sortes de débris végétaux que l'on veut transformer en engrais plus actifs.

Action de la chaux sur les éléments minéraux du sol.

Pour bien faire comprendre cette action, il ne sera peut-être pas hors de propos de rappeler quelques expériences de laboratoire, quelques opérations exécutées par le chimiste, pour rendre solubles certaines substances minérales qu'il veut analyser. Le feldspath, par exemple, quelque bien pulvérisé qu'il soit, exige des semaines, et même des mois entiers, pour se dissoudre dans les acides même les plus énergiques, bouillants, et encore la dissolution est-elle bien in-

---

que la chaux, sans l'addition d'engrais, appauvrirait la terre d'autant plus rapidement qu'on l'emploierait à dose plus élevée. Un propriétaire intelligent agirait donc avec prévoyance en interdisant à son fermier l'usage de la chaux pendant les dernières années de son bail, afin d'en prévenir les abus.

complète. Mais si le feldspath est mélangé avec de la chaux et qu'on l'expose ensuite au rouge vif, la chaux se combine avec certains éléments de la substance minérale soumise à son action ; de la potasse est mise en liberté, et il suffit alors de traiter le tout par un acide pour dissoudre à froid, non-seulement la chaux, mais encore les autres éléments du feldspath.

L'eau acidulée se charge alors d'une quantité si grande de silice, que bientôt tout finit par se prendre en une gelée transparente.

La chaux éteinte peut, *à la température ordinaire,* se comporter d'une manière semblable avec la plupart des silicates alcalins à base d'alumine, lorsqu'elle se trouve en contact avec eux pendant un temps suffisamment prolongé.

Lorsqu'on agite, par exemple, du lait de chaux avec de l'argile ou de la terre de pipe délayée dans l'eau, le mélange s'épaissit à l'instant même; abandonné ensuite à lui-même, ce mélange devient susceptible de se prendre en gelée par l'addition d'un acide. Avant d'avoir été mise en contact avec la chaux, l'argile n'abandonne au contraire qu'une très-faible quantité de silice sous l'influence d'un acide.

La chaux, en se combinant avec une partie des éléments de l'argile, les rend solubles, et, ce qui est peut-être encore plus digne de remarque, met en liberté la plus grande partie des alcalis (soude et potasse que les argiles contiennent habituellement au nombre de leurs principes constitutifs.

Ces expériences, dues à Fuchs, de Munich, permettent d'expliquer les propriétés des chaux hydrauliques et l'action de la chaux caustique sur une partie des éléments des terres labourables. La chaux nous offre donc un moyen précieux de rendre solubles les alcalis nécessaires au développement des plantes.

Il se passe dans l'écobuage quelque chose de semblable aux faits que nous venons de rapporter. Les silicates d'alumine, qui, à l'état naturel, résistent à l'action des acides, deviennent solubles par la calcination.

Les efflorescences que l'on observe sur les murs bâtis en briques proviennent de causes de cette nature. M. Kuhlmann a reconnu que ces efflorescences se composent de carbonates et de sulfates alcalins (1). Elles commencent toujours à se former et à paraître aux points de contact du mortier et de la brique, et le rôle de la chaux est ainsi rendu évident.

Certaines chaux hydrauliques abandonnent à l'eau une si grande quantité d'alcali caustique, lorsqu'on les y laisse pendant quelque temps, qu'on pourrait se servir de cette eau pour lessiver le linge.

On a cru reconnaître également que les cendres de tourbe et de lignite les plus efficaces sont celles

---

(1) J'ai remarqué bien souvent aussi de pareilles efflorescences sur les faïences blanches communes, surtout lorsque l'émail en est enlevé sur quelques points. Lorsqu'on place à une certaine distance du feu un pot de cette faïence à moitié plein d'eau, après en avoir enlevé l'émail sur quelques points des bords, on voit bientôt apparaître ces efflorescences, sous forme de houppes filamenteuses blanches, sur les parties découvertes.

qui se prennent en gelée avec les acides, ou qui durcissent le plus lorsqu'on les délaie avec un lait de chaux.

Certains calcaires contiennent encore une proportion notable de phosphate de chaux, dont l'action spéciale doit s'ajouter à celle de la chaux elle-même. Ainsi, le docteur Johnston a trouvé, dans les calcaires magnésiens du comté de Durham, de 7 à 15 parties de phosphate de chaux sur 10 000 de calcaire ; dans le calcaire du comté de Lanark, cette proportion s'élevait jusqu'à 1 1/4 p. 100. On trouve également, dans beaucoup de calcaires, du sulfate de chaux (plâtre), dont la proportion s'élève quelquefois à 6 ou 8 millièmes.

Enfin toute terre qui, traitée par l'acide chlorhydrique ou par du fort vinaigre, ne donne pas lieu à une effervescence, à un bouillonnement sensible, peut éprouver par le chaulage une amélioration notable, si d'ailleurs elle satisfait aux principales conditions que doit remplir un sol susceptible d'être cultivé.

Dans tous les cas, le meilleur moyen recommandé par la prudence consiste à entreprendre quelques essais préalables; c'est toujours par là qu'il faut commencer, c'est toujours ainsi qu'il faut procéder en agriculture, quand il s'agit d'introduire dans la pratique des opérations nouvelles.

La solubilité de la chaux vive dans l'eau froide lui permet de se répartir peu à peu dans toute la couche arable, et de se mettre ainsi à la portée des racines des plantes. L'eau froide dissout 1/630 de son poids de chaux vive, d'après M. Boussingault. Si nous admettons que la quantité d'eau qui pénètre dans le sol arable, pendant le cours d'une année, représente une couche de 50 centimètres d'épaisseur, cette eau serait susceptible de dissoudre par hectare plus de 7 500 kilogrammes de chaux, c'est-à-dire la totalité d'un chaulage ordinaire. Mais comme toute cette eau ne tombe pas à la fois, la quantité de chaux dissoute en un moment donné est en réalité beaucoup moindre, et la dissolution n'est que successive, ou plutôt la majeure partie de la chaux échappe à cette facile dissolution en passant à l'état de carbonate.

Lorsque la chaux vive, solide ou en dissolution, est exposée au contact de l'air, elle en absorbe l'acide carbonique et repasse à l'état de carbonate comme avant sa cuisson ; mais elle a sur le calcaire primitif l'important avantage physique de se trouver sous la forme d'une poudre très-fine, dont la ténuité laisse bien loin celle des calcaires pulvérisés par des moyens mécaniques, et, en outre, cette grande division s'obtient presque sans frais. Cette plus grande division permet une répartition plus uniforme dans le sol, et augmente ainsi l'efficacité de son action.

Une fois introduite et intimement mêlée à la terre, la chaux doit se carbonater promptement et en totalité, parce que le sol avec lequel elle est en contact renferme toujours une assez forte proportion d'acide carbonique.

En définitive, et bien qu'en principe on agisse sur de la chaux caustique, c'est réellement du carbonate de chaux extrêmement divisé qu'on introduit dans le sol, et les effets énergiques et *spéciaux* que nous signalions précédemment ne se font guère sentir d'une manière appréciable au delà de la première année.

A l'état de carbonate, la chaux peut remplir dans le sol trois fonctions principales :

1° Elle peut, dissoute dans l'eau, à la faveur d'une petite quantité d'acide carbonique, être absorbée par les spongioles des racines, et contribuer ainsi directement à la nutrition des plantes;

2° Elle peut neutraliser l'acidité que l'on a souvent signalée dans certains sols, et permettre ainsi à ces derniers de nourrir des plantes plus délicates;

3° En présence des matières organiques azotées en voie de décomposition, elle peut faciliter la production des nitrates dont l'efficacité sur la végétation est aujourd'hui incontestable;

4° La rouille et surtout la carie du blé deviennent plus rares dans les terres convenablement chaulées. Enfin la chaux doit faire périr aussi les larves et les œufs d'une foule de petits insectes.

CHAPITRE IV.

Signes auxquels on reconnaît qu'une terre peut être chaulée avec avantage ; doses de chaux à employer ; mode d'emploi.

Les sols dépourvus de chaux, ou qui en contiennent peu, abondent en fougères, bruyères, petits jones, oseille rouge, mousses, que la chaux fait disparaître en peu de temps. Il en est de même des chiendents, des agrostis, de l'avoine à chapelets, des petites graminées, fléaux des terres siliceuses; elles disparaissent bientôt sous l'influence de la chaux, pour faire place au petit trèfle des sols calcaires.

L'expérience et le raisonnement conduisent à conseiller un nouveau chaulage, lorsqu'on voit reparaître en abondance ces mêmes végétaux que l'on a tant d'intérêt à détruire.

La constitution géologique d'une contrée est peut-être l'induction la plus rationnelle et la plus utile sur la convenance du chaulage. Les sols qui dérivent des roches plutoniques, dans lesquels dominent le feldspath, le mica, le quartz, et la plupart des terrains schisteux, tireront presque toujours un avantage marqué de l'introduction de la chaux.

Toute terre qui, traitée par de fort vinaigre ou par de l'acide chlorhydrique étendu de deux ou trois fois son volume d'eau, ne donnera lieu à aucune *efferrescence* sensible, ne contient en général pas de principes calcaires en proportions suffisantes pour assurer pendant longtemps sa fertilité.

La quantité de chaux répandue sur un hectare varie beaucoup suivant les localités, suivant la nature des terres, suivant la fréquence des chaulages. Ainsi, dansi les environs de Dunkerque, on en met 40 à 50 hectolitres par hectare tous les dix ou douze ans; dans la Mayenne, à peu près les mêmes doses: dans la Sarthe, 8 ou 10 hectolitres tous les trois ans; dans l'Ain, de 60 à 100 hectolitres tous les neuf ans;

dans le Calvados, de 4 à 6 000 kilogrammes tous les quatre ou cinq ans. En Allemagne, la dose moyenne est de 8 à 10 hectolitres tous les quatre ans. En général, la dose doit être plus forte dans les terres argileuses et humides que dans les sols légers et sablonneux. En Angleterre, on porte quelquefois la dose à 160 ou 170 hectolitres dans les sols légers; elle peut s'élever de 200 à 270 hectolitres dans les terrains argileux, et l'on va même jusqu'à 600 hectolitres dans les terres tourbeuses.

Si l'on excepte ces chaulages en quelque sorte fabuleux, on reconnaît qu'en moyenne la quantité de chaux employée se trouve comprise entre 3 et 5 hectolitres par hectare et par an.

Quant à la dépense, on ne s'éloignera pas beaucoup de la vérité en admettant que les frais de charroi, les manipulations diverses et l'épandage de la chaux s'élèvent au double du prix d'achat; en d'autres termes, si la chaux, prise au four, coûte 1 fr. 50 c. l'hectolitre, elle reviendra, répandue sur le sol, à environ 4 fr. 50 c.

La chaux que l'on retire des fours est en morceaux plus ou moins volumineux, depuis le poids de 25 à 30 grammes jusqu'à celui de 1 ou 2 kilogrammes. Avant de la répandre sur le sol, on la fait déliter, c'est-à-dire qu'on la met à même d'absorber assez d'eau pour se réduire en une poudre très-fine qui en facilite la répartition.

On peut suivre plusieurs méthodes pour arriver à ce résultat :

1° On peut laisser la chaux se déliter à l'air libre; mais on est exposé ainsi à plusieurs inconvénients : la chaux passe plus vite alors à l'état de carbonate en absorbant l'acide carbonique de l'air; s'il survient de la pluie, la chaux se délite trop vite et forme une espèce de boue difficile à répandre uniformément. On a proposé, il est vrai, de remédier à ce dernier inconvénient en plaçant la chaux sous des hangars, mais ce procédé d'extinction est peu suivi, parce qu'il offre encore l'inconvénient de rendre la chaux difficile à charger dans les tombereaux qui doivent la conduire aux champs;

2° On a proposé et mis en pratique le délitement *par immersion*, qui consiste à mettre la chaux dans des paniers à claire-voie, qu'on plonge dans l'eau pendant une ou deux minutes et qu'on retire ensuite. La chaux, pendant cette courte immersion, absorbe assez d'eau pour pouvoir se déliter, et peut alors être versée immédiatement dans les tombereaux, où elle continue à se déliter d'elle-même, et d'où elle est facilement répandue sur le sol à l'aide d'une pelle. Ce procédé n'est guère usité que dans un moment de presse;

3° On dépose souvent la chaux par petits tas espacés comme des tas de fumier; on les recouvre de terre, et au bout de quinze à vingt-cinq jours on mélange le tout. Si la chaux est suffisamment délitée, on peut la répandre sur le sol, et la terre avec laquelle on l'a incorporée en facilite la régulière dispersion; si la chaux n'est pas complétement fusée lorsqu'on fait ce premier recoupage, on recouvre encore chaque petit monceau d'un peu de terre, et l'on recoupe de nouveau, huit ou dix jours après, avant de répandre sur le sol.

Au lieu de disséminer ainsi la chaux par petits tas, on en fait quelquefois des monceaux allongés auxquels on a donné le nom de *tombes*, à cause de leur forme. On les traite de la même manière; seulement on est obligé de transporter la chaux pour la répandre. Si c'est un léger surcroît de dépense, il est certain, d'un autre côté, qu'il y a une diminution notable dans la main-d'œuvre de détail, et qu'on est moins exposé à être gêné pour les labours. L'épandage se fait quand on le juge opportun; et lorsque les tombes sont bien disposées, on peut les laisser plusieurs mois avant de les employer. Il faut avoir grand soin, dans ce mode d'extinction en petits tas ou en tombes, de boucher les crevasses à mesure qu'il s'en forme.

CHAPITRE V.

Composts à base de chaux.

Lorsqu'on veut utiliser comme engrais des terreaux acides, des marcs divers d'une désagrégation difficile, on les dispose souvent par lits alternatifs avec de la chaux vive dans la proportion d'un quart ou d'un cinquième environ.

L'on suit encore la même méthode lorsqu'il s'agit d'utiliser à bref délai les curures et vases de mares, de fossés, de rivières, et que ces vases, après leur égouttement, sont trop longtemps à se déliter d'elles-mêmes.

Dans tous les cas, la stratification se fait toujours de manière que la couche inférieure et la couche supérieure soient exclusivement composées de la matière dont on veut hâter la décomposition par son mélange avec la chaux vive; et il convient de ne pas attendre, pour opérer la stratification, que la matière avec laquelle on doit la mélanger soit trop sèche.

Une fois le mélange effectué, la chaux se délite lentement aux dépens de l'humidité de la matière à désagréger, s'échauffe, se gonfle en occasionnant dans le tas une augmentation notable de volume, et en y déterminant souvent des crevasses, qu'il faut avoir soin de boucher à mesure qu'elles se produisent, surtout si le temps est pluvieux.

Au bout d'une douzaine de jours, on recoupe le tout; et, après l'avoir amoncelé de nouveau, on le recouvre encore d'un peu de terre, jusqu'au moment de l'employer, qu'on retarde le plus possible, du moins pendant un à deux mois, surtout si les matières incorporées à la chaux sont d'une désagrégation difficile.

Si les terreaux et autres matières qu'on mélange avec la chaux contiennent des graines de mauvaises herbes, ce qui arrive très-souvent, il est rare qu'elles résistent à l'action de la chaux pendant la stratification. Le temps qu'il est convenable de laisser écouler entre la mise en tas et le premier recoupement doit être beaucoup moindre, si les matières mélangées avec la chaux sont d'une facile décomposition.

« Les composts dont la chaux fait partie sont d'autant meilleurs, dit M. Jamet, qu'ils ont été recoupés un plus grand nombre de fois. Il est possible que, dans certains cas, il se produise alors une quantité notable de nitrate de chaux, qui augmente l'efficacité du compost. »

Dans la confection de tous ces mélanges, il est une chose qu'il ne faut jamais perdre de vue, c'est que l'intervention de la chaux n'a d'autre objet que de hâter et de faciliter la désagrégation des matières avec lesquelles on la mélange.

Si des vases sont trop compactes, elle en facilite le délitement; si des matières organiques sont trop dures, elle en facilite la décomposition ; mais il faut être sobre de cet emploi de la chaux, quand il s'agit soit de substances facilement décomposables, soit de curures facilement délitables, parce qu'alors on s'exposerait à les appauvrir à grands frais.

Quel que soit le moyen employé pour amener la chaux dans l'état de plus grande division possible, en nature ou en compost, *il est bon de choisir un temps sec pour la répandre*, afin d'éviter qu'elle se pelotonne et pour qu'elle se répartisse uniformément. On fait passer la herse par-dessus pour la mieux disséminer, et on l'enterre par un labour peu profond. On a reconnu que la chaux doit être répandue au moment de l'avant-dernier labour.

La lecture du tableau que nous avons présenté au commencement de cette première partie (page 9) peut nous faire pressentir quelles sont les récoltes sur lesquelles la chaux exercera la plus heureuse influence; c'est le trèfle surtout, dont la culture s'est trouvée notablement améliorée, dans beaucoup de pays, par l'emploi de la chaux.

L'amélioration produite sur beaucoup de terres par des chaulages judicieusement pratiqués profite également aux autres récoltes, quoiqu'à un degré moins élevé que pour le trèfle. La grande quantité de chaux que l'analyse chimique a trouvée dans cette dernière plante peut nous expliquer comment il arrive que le chaulage des prairies, et surtout des prairies humides, non-seulement fait périr les mousses et les plantes aquatiques, mais facilite en outre le développement d'une quantité considérable de petit trèfle, auparavant languissant et presque invisible.

On n'est pas encore bien d'accord en ce qui concerne les effets du chaulage sur les récoltes de blé, sur l'augmentation du rendement; mais cette augmentation est réelle, et, de plus, il paraît généralement reconnu que la qualité en est améliorée. D'après Puvis, dans le département de l'Ain, l'emploi de la chaux double le rendement des céréales d'hiver dans l'espace de neuf années.

CHAPITRE VI.

Chaux d'épuration du gaz.

On laisse bien souvent perdre, faute d'emploi, la chaux qui a servi, dans les usines à gaz, à l'épuration du gaz de l'éclairage ; l'odeur empyreumatique et bitumineuse que possède cette chaux est une des causes qui la font rejeter par les cultivateurs. Beaucoup de ces derniers pensent, en outre, qu'elle a dû perdre une partie de son énergie.

Quelques expériences en ont cependant constaté l'efficacité. Ainsi, M. Petitjean, cultivateur à Montagny-les-Seurre, a trouvé que cette chaux équivaut au plâtre par la puissance de son action sur le trèfle, lorsqu'on emploie concurremment et simultanément ces deux substances. Beaucoup d'autres cultivateurs se sont également bien trouvés de l'emploi de cette chaux sur leurs prairies à la fin de février ou au commencement de mars.

Cette chaux, lorsqu'elle sort des appareils dépurateurs, contient une assez forte proportion de *sulfure de calcium*. Ceux qui admettent que le plâtre (sulfate de chaux) n'agit sur les plantes qu'après avoir été transformé en sulfure de calcium sous l'influence des matières organiques du sol, ne seront pas surpris de cette similitude d'action. Pour nous, admettons-la comme un fait, sans attacher une trop grande importance aux explications théoriques.

C'est surtout dans le jardinage que cette chaux peut rendre des services réels pour l'éloignement ou pour la destruction des insectes, attendu qu'elle agit énergiquement sur eux comme chaux d'abord, et ensuite par le sulfure de calcium qu'elle renferme, et par les produits empyreumatiques dont elle est imprégnée.

RÉSUMÉ ET CONCLUSION.

En résumé, la chaux exerce une action multiple :

1o Elle agit par elle-même, en fournissant aux plantes un élément qui paraît nécessaire à leur développement régulier, puisqu'on le trouve quelquefois en proportions assez considérables dans quelques végétaux, en proportions notables dans presque tous, et surtout dans les récoltes usuelles;

2o Elle facilite la décomposition des éléments minéraux du sol, les rend plus solubles et plus facilement assimilables au profit des récoltes (1);

3o Elle agit sur les éléments organiques du sol, et en facilite la décomposition; c'est là surtout ce qui en rend l'emploi avantageux dans les composts formés de matières d'une désagrégation difficile;

4o La chaux doit faire périr les œufs et les larves de beaucoup d'insectes ;

5o Le chaulage ne dispense pas de l'emploi du fumier; au contraire, il en appelle une quantité d'autant plus considérable que le chaulage est plus fort et le sol plus maigre. Il est indispensable de fumer

(1) On a dit bien souvent que la chaux, en se délitant, divisait le sol par son augmentation de volume. On comprendrait cette explication si la chaux était enterrée avant d'être délitée ; mais comme habituellement c'est l'inverse qui a lieu, cet effet mécanique doit être pour assez peu de chose dans l'action que la chaux exerce sur le sol.

au moins l'année qui suit celle de l'emploi de la chaux ;

6° Un chaulage trop énergique, ou des chaulages trop fréquemment répétés en l'absence de fumures suffisantes peuvent être aussi préjudiciables au sol que des chaulages judicieux lui sont profitables, sous l'influence de fumures assez abondantes et assez souvent répétées;

7° La dose de chaux la plus avantageuse, l'énergie ou la fréquence des chaulages sont susceptibles d'assez grandes variations, suivant la nature du terrain, suivant la nature des récoltes qu'on en veut exiger.

La quantité de chaux actuellement appliquée aux usages agricoles est déjà très-considérable et augmente chaque année.

La houille des mines de Litry (Calvados) est presque exclusivement employée à la cuisson de la chaux. Certains fours à chaux trouvent encore de l'avantage à faire venir d'Angleterre la houille destinée à la cuisson des calcaires très-durs, malgré le haut prix de ce combustible.

Le canal de la Basse-Vire, dans le département de la Manche, sur un parcours de quelques lieues, a transporté, en 1847, plus de 16 000 000 de kilogrammes de chaux, presque entièrement employée sur les terres, et, depuis cette époque, le transport a encore beaucoup augmenté. La consommation annuelle du seul département de la Manche s'élève probablement à plusieurs centaines de millions de kilogrammes.

On a quelquefois opposé aux partisans, chaque jour plus nombreux, de l'emploi de la chaux sur les terres, le fait de la présence de cette substance dans certaines plantes croissant sur des sols qui paraissent entièrement dépourvus de calcaire. On a conclu de là que la chaux pouvait être produite par les plantes elles-mêmes.

On peut répondre à ces assertions :

1° Qu'*il est plus que douteux* que les plantes puissent former les éléments constitutifs de la chaux au moyen d'autres substances qui ne les contiendraient pas ;

2° Que la chaux, ou au moins les éléments qui la composent, se trouvent probablement dans toutes les eaux de pluie. J'ai trouvé, par exemple, dans l'eau de pluie tombée à Caen, du 12 au 29 mars 1851, que chaque hectolitre pouvait fournir 268 milligrammes de chaux; ce qui porterait vraisemblablement à plus de 25 kilogrammes la quantité de chaux que chaque hectare de terre recevrait annuellement dans de pareilles conditions ;

3° Enfin l'expérience du cultivateur et celle du chimiste ont pour elles, dans cette question, le puissant auxiliaire des faits contre lesquels viendront toujours se briser toutes les théories qui ne les prendront pas comme point de départ.

DEUXIÈME PARTIE.

MARNES.

CHAPITRE PREMIER.

Définition et nature des marnes ; leurs gisements.

On donne le nom de *marne* à une sorte de terre calcaire assez difficile à définir et qui consiste principalement en un mélange à proportions variables de *calcaire* et d'*argile;* on y trouve encore souvent d'autres subtances telles que du *sable siliceux*, de l'*oxyde de fer*, du *carbonate de magnésie*, du *plâtre*, des *débris organiques*, etc.

Nous devons nous empresser d'ajouter qu'il ne suffit pas qu'une substance soit formée d'argile et de carbonate de chaux pour constituer une marne. Dans cette dernière, les deux éléments minéraux principaux (carbonate de chaux et argile) y sont mêlés d'une manière si intime, qu'il est impossible de parvenir à imiter la nature par de simples procédés mécaniques.

« Ainsi, lorsqu'on soumet, dit M. de Gasparin, la plus petite particule possible de marne à l'action d'un acide, sous l'objectif d'un microscope, on voit l'acide agir sur toutes les faces et par tous les angles à la fois, et l'argile qui reste comme résidu se trouve composée d'une multitude de particules d'une ténuité telle qu'il est presque impossible de l'évaluer, même à l'aide des plus forts grossissements. »

Quand on a voulu essayer de composer une marne artificielle par le mélange le plus exact possible des éléments trouvés dans les meilleures marnes, et en employant les mêmes proportions, le produit de l'art s'est toujours trouvé avoir des propriétés tout autres que celles de la marne naturelle formée des mêmes éléments. Le microscope permet déjà d'apprécier une très-notable différence sous le rapport de l'intimité du mélange, et l'étude comparative des propriétés physiques ou chimiques nous montre d'autres différences non moins grandes.

Le caractère dominant des véritables marnes consiste dans la faculté qu'elles possèdent de se déliter à la manière de la chaux, lorsqu'elles sont mouillées ou qu'elles sont exposées à l'action de l'air pendant un temps suffisant.

Toute pierre calcaire présentant ce caractère est propre au marnage, qui, en définitive, a beaucoup d'analogie avec le chaulage; puisque, dans l'un et l'autre cas, on cherche à se placer dans la condition la plus favorable à une bonne incorporation de la substance amendante, en prenant cette dernière dans un état d'extrême division.

Le délitement spontané de la marne peut s'expliquer par les propriétés physiques de ses éléments; l'on sait, par exemple, que le carbonate de chaux très-divisé forme avec l'eau une pâte peu cohérente qui, après dessiccation, reprend l'état pulvérulent : l'argile possède la propriété contraire. Il est très-vraisemblable que, dans les marnes, la faculté liante de l'argile est en très-grande partie détruite par les particules calcaires interposées dans sa masse. La différence d'énergie avec laquelle chacun de ces deux éléments absorbe l'humidité de l'air ou l'abandonne doit déterminer des tiraillements partiels qui doivent contribuer puissamment à la désagrégation.

Mais c'est la gelée surtout qui contribue énergiquement à la désagrégation des marnes, et son action mérite d'arrêter un moment notre attention : tout le monde sait que, si l'on expose à la gelée une bouteille ou une carafe pleine d'eau, la congélation de l'eau détermine ordinairement la rupture de la bouteille ou de la carafe; parce que l'eau subit, au moment où elle se solidifie, une augmentation brusque de volume à laquelle le verre ne peut se prêter : d'où une rupture de l'enveloppe.

Considérons maintenant un morceau de marne ou de certaines craies poreuses qui se comportent et agissent à la manière des marnes : ce morceau de marne, examiné au microscope, présente des cavités analogues à celles d'une éponge, mais beaucoup plus petites et très-nombreuses. A l'entrée de l'hiver, et sous l'influence des pluies et de l'humidité, ces cavités sont remplies d'eau. Vienne alors une gelée, chacune de ces cavités pleines d'eau se comportera comme la bouteille ou la carafe, ses parois seront brisées; il en sera de même des parois de la cavité voisine, et ainsi de suite de proche en proche : en d'autres termes, le morceau tout entier sera désagrégé.

L'usage des marnes est fort ancien. Pline dit qu'il était connu des Gaulois, des Bretons, des Grecs et des Romains. C'est aux Gaulois et aux Bretons qu'il fait honneur de la découverte des bons effets de la marne : « Ces peuples en faisaient un tel cas, dit-il, qu'ils ne craignaient pas d'aller fouiller à 30 mètres et plus de profondeur dans le sein de la terre pour y découvrir des bancs de ce précieux amendement. » Le marnage avait été un peu négligé pendant quelques siècles, lorsque Bernard-Palissy le remit en honneur en le préconisant dans un traité spécial fort remarquable, en 1636, le premier ouvrage moderne écrit sur cette importante question.

La marne affecte les couleurs les plus variées, suivant la nature des substances étrangères qu'elle contient.

On pourrait en dire presque autant des indices de son gisement; cependant, lorsqu'un banc de marne se trouve à la surface du sol, il n'y a sur ce banc presqu'aucune trace de végétation. Lorsque les sauges, le tusilage ou pas-d'âne, l'ononys, les ronces, les plantains croissent abondamment et vigoureusement sur un sol, on a de bonnes raisons de présumer qu'on y trouvera de la marne à peu de profondeur.

Les fossés, les puits, les travaux de route, et surtout maintenant les vastes tranchées des chemins de fer la mettent souvent en évidence; alors elle est quelquefois annoncée par des couches sableuses qui la recouvrent ou qui la supportent.

La marne se trouve habituellement dans des terrains de sédiment peu anciens, depuis les assises supérieures des calcaires jurassiques jusque dans les terrains des formations les plus récentes.

Suivant M. Teilleux, les marnes seraient d'autant meilleures qu'elles seraient moins anciennes ; mais, d'après M. de Gasparin, les marnes les plus riches du département du Gers sont précisément les plus anciennes, et leur effet peut se comparer à celui des marnes tertiaires de l'Yonne.

Il arrive souvent, on pourrait même dire presque toujours, que les diverses couches d'un même banc de marne ne sont pas de même qualité. — En général, une marne est d'autant plus calcaire qu'elle est prise plus profondément dans le banc; ce qui a fait dire que la marne est d'autant meilleure qu'elle s'enfonce plus profondément sous terre.

CHAPITRE II.

Des diverses variétés de marnes.

Les variétés de marnes sont très-nombreuses, comme les circonstances qui ont accompagné leur formation ; cependant on a cherché à les réunir par groupes doués de caractères et de propriétés qui les rendent susceptibles d'être plus spécialement applicables à des sols déterminés.

Ainsi l'on a donné le nom de *marnes calcaires* à celles qui renferment au moins 50 et au plus 90 ou 95 p. 100 de carbonate de chaux, le reste étant de l'argile ou un mélange de sable et d'argile; elles conviennent plus particulièrement aux terres entièrement dépourvues de carbonate de chaux; mises, au contraire, sur des sols déjà trop calcaires, elles les rendraient encore plus brûlants.

Les *marnes argileuses* sont celles qui contiennent de 10 à 50 p. 100 de calcaire, de 50 à 75 p. 100 d'argile, le reste étant du sable. Ces marnes sont bonnes dans les terres trop légères, surtout dans les terrains siliceux; mais elles offrent l'inconvénient de se déliter avec d'autant plus de lenteur qu'elles sont plus argileuses. Cependant, pour en tirer le meilleur parti possible, il est indispensable de ne les enfouir qu'après leur complet délitement. Elles sont plus onctueuses que les autres marnes, et happent à la langue d'autant plus fortement qu'elles sont plus argileuses. Elles se durcissent au feu en donnant une espèce de brique imparfaite.

On appelle *marnes sableuses* ou *siliceuses* celles qui contiennent de 10 à 50 p 100. de calcaire, de 25 à 75 p. 100 de sable, le reste étant de l'argile. Elles sont généralement friables, fusent lentement à l'air et ne durcissent pas au feu. On doit les appliquer de préférence aux sols argileux ou argilo-calcaires froids et tenaces, où elles produisent une action mécanique remarquable. Comme marne, ce sont peut-être les moins bonnes, tandis que comme amendement, lorsqu'elles sont employées à propos, elles peuvent être rangées parmi les substances les plus efficaces.

On donne le nom de *marnes magnésiennes* à celles qui contiennent de 5 à 30 p. 100 de carbonate de magnésie. Elles sont, du reste, assez rares. On reconnaît habituellement, dans une marnière, que la marne y est assez fortement magnésienne, à ce que les flaques d'eau qui se trouvent sur la surface de la couche restent constamment laiteuses, tandis qu'elles deviennent assez promptement claires si la marne ne contient pas de magnésie.

Les marnes magnésiennes sont assez employées en Angleterre, où elles sont abondantes. Il reste encore quelque chose à apprendre relativement à leur action spéciale comparée à celle des marnes purement calcaires.

Certaines marnes contiennent une porportion notable de sulfate de chaux (gypse ou plâtre); elles sont alors connues sous le nom de *marnes gypseuses*. Elles sont, du reste, assez rares, et par suite peu employées.

On en connaît un gisement entre Gannat et Saint-Pouçain (Allier). Elles produisent de bons effets sur les prairies artificielles.

On désigne enfin sous le nom de *marnes humeuses* celles qui contiennent une proportion notable de détritus végétaux non encore complétement décomposés. Elles peuvent, du reste, se rapporter à l'un quelconque des trois principaux groupes de marnes.

Lorsqu'une marne contient moins de 20 p. 100 de carbonate de chaux, on lui donne habituellement, suivant sa composition, le nom de *sable marneux* ou celui d'*argile marneuse;* de même que l'on donne le nom de *calcaire marneux* à un calcaire qui ne contient pas plus de 20 p. 100 de marne délitable. Ajoutons que l'on donne quelquefois aussi ce nom aux calcaires qui, sans être des marnes proprement dites, possèdent néanmoins la propriété de se déliter facilement.

CHAPITRE III.

Essai d'une marne.

Puisque les marnes peuvent offrir de si grandes différences dans leur composition, il est rationnel, avant de les employer à l'amendement des terres, d'en déterminer avec une suffisante approximation les principaux éléments. Nous allons essayer d'indiquer un petit nombre d'opérations simples à l'aide desquelles on peut arriver à effectuer cette détermination.

1° On commence d'abord par dessécher la marne à l'étuve ou tout simplement au four, jusqu'à ce qu'elle cesse de diminuer de poids. La diminution de poids représente la quantité d'eau; par exemple, si l'on a opéré sur un kilogramme et qu'elle ait perdu 150 grammes, on en conclut que la marne contenait 150 millièmes ou 15 p. 100 de son poids d'eau, et 85 p. 100 de marne sèche.

2o On prend 10 grammes de marne *sèche*, on les introduit dans une petite fiole à médecine, à fond plat, dans laquelle on verse un mélange de 50 grammes d'acide chlorhydrique et de 100 grammes d'eau. Il faut éviter de verser trop d'acide à la fois sur la matière à essayer, surtout au commencement de l'opération, parce que l'effervescence pourrait être assez vive pour rejeter hors de la fiole une partie de la matière, et l'opération serait manquée. On évite cet inconvénient en versant l'acide peu à peu et en agitant le mélange à chaque fois (1).

3o Lorsque l'action de l'acide est terminée, ce que l'on reconnaît à ce qu'il ne se dégage plus de bulles dans le liquide depuis au moins une heure, on verse sur un filtre placé dans un entonnoir de verre le contenu de la fiole, c'est-à-dire la matière liquide et le résidu solide qui s'était déposé.

Au lieu d'un filtre simple, c'est-à-dire formé par une seule feuille de papier *non collé*, il vaut mieux faire usage d'un filtre double formé de deux feuilles

---

(1) Au lieu d'opérer dans une fiole, on peut opérer dans une capsule ou simplement dans un verre ; on trouve dans le commerce des verres à pied *à bec* d'un usage très-commode pour ces sortes d'opérations.

du même papier exactement superposées. Nous verrons dans un instant pourquoi.

On rince la fiole à plusieurs reprises avec de l'eau distillée ou de l'eau de pluie bien propre, et l'on verse à chaque fois les eaux de lavage sur le filtre, en évitant de le faire déborder. On continue ces lavages jusqu'à ce que les dernières gouttes d'eau qui sortent à la partie inférieure de l'entonnoir ne produisent plus de tache rouge sur une feuille de papier colorée en bleu par une légère couche de teinture de tournesol.

4° On dessèche avec soin le double filtre et la matière solide qu'il renferme, jusqu'à ce que deux pesées consécutives, faites à un quart d'heure d'intervalle, donnent le même poids; on sépare alors avec précaution les deux filtres; le filtre extérieur, placé sur l'un des plateaux de la balance, sert à faire équilibre à l'autre filtre placé sur le second plateau, ainsi que la matière solide qui s'y trouve. De cette manière, l'on n'a pas à se préoccuper du poids du filtre, qui, sans ce petit tour de main bien simple, s'ajouterait au poids du résidu. La différence de poids des deux filtres donne le poids de la matière unie au carbonate de chaux. Ce dernier, au contraire, a été complétement décomposé, et ses éléments non volatils entraînés dans la liqueur.

Lorsqu'on a un peu l'habitude de ces sortes d'analyses, l'aspect du résidu, et surtout son action sur les organes du toucher, suffisent pour en faire connaître très-approximativement la nature.

Lorsqu'on manque de cette habitude, ou que l'on veut se rendre un compte plus parfait, on délaie ce résidu dans l'eau, on laisse reposer une minute, puis on fait écouler avec précaution l'eau surnageante et les particules terreuses qu'elle tient en suspension; on recommence avec de nouvelle eau une manœuvre semblable à la première, et l'on continue jusqu'à ce que la dernière eau soit claire après une minute de repos.

Voici ce qui se passe alors : l'argile, plus ténue et plus légère que le sable, peut rester en suspension dans l'eau plus longtemps que ce dernier, qui se dépose au fond presque immédiatement après la cessation de l'agitation; en versant l'eau surnageante au bout d'un temps suffisamment long pour que le sable ait pu se déposer, mais insuffisant pour le dépôt de l'argile, cette dernière seule restera suspendue dans le liquide et sera entraînée. Il est difficile d'éviter qu'il ne s'en dépose toujours un peu, et c'est pour cette raison que l'on est obligé de recommencer l'opération plusieurs fois. — Cette opération est connue en chimie sous le nom de *lévigation;* elle est pratiquée avec succès dans toutes les analyses de terres, et c'est une de celles avec lesquelles il convient de se familiariser.

On recueille et l'on dessèche cette matière déposée, qui n'est autre chose que du sable.

Supposons que l'on ait obtenu ainsi, dans les 10 grammes de matière sèche employée, 2 grammes 25 centigrammes de résidu insoluble dans l'acide : la partie qui s'est dissoute, et qui est représentée ici par 7 grammes 75 centigrammes, est la proportion de carbonate de chaux; supposons, en outre, que l'on ait trouvé, dans les 2 grammes 25 centigrammes de résidu, 85 centigrammes de sable, le reste, 1 gramme 40 centigrammes, n'est autre chose que de l'argile.

En résumé, la marne qui aurait conduit à de pareils résultats contiendrait :

	Sur 10 gr. »	Sur 100 parties.
Carbonate de chaux..	7,75	77,5
Argile..............	1,40	14,0
Sable...............	0,85	8,5
Total...	10,0	100,0

Si l'on veut tenir compte de l'eau contenue dans la matière prise à l'état normal, on trouvera pour la composition de cette marne :

Eau....................	15 »	p. 100
Carbonate de chaux.....	65,87	—
Argile.................	11,90	—
Sable..................	7,23	—
Total......	100, 0	—

En procédant comme nous venons de le faire, nous pourrions être exposé à considérer comme carbonate de chaux tout le carbonate de magnésie que pourrait contenir la marne soumise à l'épreuve. Il est donc indispensable de faire un essai spécial pour constater la présence ou l'absence de la magnésie.

Pour reconnaître si la marne contient de la magnésie, il suffit d'évaporer la liqueur acide jusqu'à ce qu'il ne reste plus de liquide; de redissoudre dans l'eau le résidu de cette évaporation et de filtrer, si la liqueur n'est pas tout à fait claire : en versant de l'*eau de chaux* (1) dans la liqueur filtrée, il s'y formera des flocons légers, blancs, neigeux, s'il y a de la magnésie; la liqueur, au contraire, restera claire et limpide, s'il n'y en a pas.

Lorsqu'on veut tirer quelque fruit de pareils essais, il faut avoir soin de préparer un bon échantillon moyen; ce à quoi on arrive en mélangeant bien un assez grand nombre d'échantillons pris sur plusieurs tas, et l'on prend ensuite sur ce mélange l'échantillon moyen d'essai destiné à l'analyse.

L'analyse chimique, telle que nous venons de l'exécuter, ne suffirait pas pour nous édifier sur la qualité d'une marne, car ce mode d'analyse ne nous apprend rien sur sa délitabilité.

C'est M. de Gasparin qui appela le premier l'attention des agronomes sur ce point important, et signala l'influence de la présence dans les marnes des *rognons* ou *nodules* de calcaire compact non délitable.

Ayant eu à rendre compte de la différence considérable d'effets de deux marnes du département du Gers, dans lesquels l'analyse chimique ne montrait

---

(1) On donne le nom d'*eau de chaux*, dans les laboratoires, à l'eau qui a séjourné sur de la chaux vive et s'en est *saturée*, c'est-à-dire en a dissout environ la millième partie de son propre poids.

que des différences insignifiantes de composition (1), il trouva que l'une, mise à déliter dans l'eau, y laissait 87,5 p. 100 de nodules calcaires, tandis que l'autre s'y résolvait promptement en une poudre homogène sans laisser de résidu. La partie délitable de la première marne était à celle de la seconde comme 1 est à 8; c'était justement le rapport inverse des quantités que la pratique avait indiquées comme équivalentes, puisque vingt-cinq voitures de la seconde passaient pour produire autant d'effet que deux cents voitures de la première.

M. de Gasparin a vérifié depuis et confirmé ce principe remarquable sur bien des espèces de marnes et dans des pays différents.

Voici comment peut se faire cet essai, que nous pourrions qualifier d'essai *mécanique* : on met dans une terrine ou capsule à bec un peu profonde 1 kilogramme de marne préalablement desséchée; on ajoute assez d'eau pour la couvrir entièrement, et on la laisse digérer pendant une heure; puis on agite, et l'on verse immédiatement l'eau trouble qui contient les particules de marne délitées; on remet de nouvelle eau pour faire une manœuvre semblable à la première, et l'on continue ainsi jusqu'à ce que l'eau, après une heure de contact, reste claire malgré l'agitation. On sèche les fragments ou noyaux non délités, puis on les pèse; la différence entre ce poids et

---

(1) La meilleure contenait 67 p. 100 de carbonate de chaux, la moins bonne de 41 à 66 p. 100.

le poids primitif d'un kilogramme représente le poids de la marne réelle. Soit 125 grammes le poids de ces noyaux fournis par 1 kilogramme de marne; on en conclura que cette dernière, sur un kilogramme, contient 875 grammes ou 87 1/2 p. 100 de marne réelle, et 125 grammes ou 12 1/2 p. 100 de noyaux à peu près inertes, et l'on accommodera le dosage en conséquence.

Il serait peut-être difficile de pressentir cette différence de qualité des marnes par le simple aspect, car l'on trouve souvent, dit M. de Gasparin, des marnes très-compactes, ayant l'aspect extérieur du marbre, et qui cependant se réduisent à l'air, et assez promptement, en une fine poussière homogène, sans laisser le moindre résidu non délité. D'autres ont plutôt l'aspect de *poudingues*, et sont de véritables mélanges de marne et de nodules de carbonate de chaux non délitable.

Certaines marnes sont déjà délitées dans la minière, et alors il est facile de rejeter les nodules, qui s'en distinguent facilement.

Lorsqu'on veut pratiquer un marnage, il est avantageux de rechercher, dans les marnes que l'on veut employer, les qualités propres à corriger les défauts dominants des terres que l'on veut marner : marne argileuse pour les terrains dépourvus d'argile; marne sableuse pour les terrains argilo-calcaires; marne calcaire pour les terrains très-pauvres en carbonate de chaux.

CHAPITRE IV.

Action des marnes sur le sol ; effets du marnage

Les marnes peuvent agir de deux manières sur le sol qui les reçoit : 1° mécaniquement ; 2° chimiquement.

L'action mécanique consiste dans l'ameublissement des sols trop compactes, tandis que les marnes convenablement choisies et employées peuvent augmenter la consistance des sols trop meubles.

L'activité plus grande que les marnes communiquent à la végétation dans les premières années qui suivent leur emploi, puis l'appauvrissement successif qu'éprouve ensuite le sol, si l'on n'a pas soin de le bien fumer, indiquent bien que cette substance ne doit pas être un simple amendement mécanique, qu'elle agit chimiquement sur le sol et physiologiquement sur les plantes. Mais comment s'exerce cette action ? Elle doit être multiple.

La marne doit, par son carbonate de chaux, neutraliser l'acidité de certains sols; mais cette action ne doit être que secondaire, parce que la marne agit avec autant d'efficacité sur les sols non calcaires que l'on considère comme dépourvus d'acides.

La marne doit exercer, par l'un de ses principes constituants, une action analogue à celle du carbonate de chaux, en facilitant la décomposition des matières organiques. On sait, en effet, que les terrains très-riches en calcaire exigent de fréquentes fumures, qu'ils *brûlent* les engrais, comme disent certains cultivateurs. D'après les observations de Mathieu de Dombasle et de plusieurs agronomes anglais, les débris de laine, la bourre, les poils, la corne, etc., ne se décomposent bien que dans les terrains où ils rencontrent une assez notable proportion de calcaire.

Suivant M. de Gasparin, l'action chimique des marnes peut devoir une partie de son efficacité à une autre cause : lorsqu'on abandonne une marne à l'air pendant quelque temps, et qu'on vient ensuite à la *lessiver,* elle cède à l'eau du bicarbonate de chaux, et laisse souvent aussi *des traces manifestes de nitrate.* Si, après l'avoir lessivée, on l'abandonne de nouveau à l'air, dans un état moyen d'humidité, la même marne fournit encore, au bout de plusieurs mois, une nouvelle quantité de bicarbonate et de nitrate de chaux.

M. de Gasparin conclut de là que c'est probablement en passant en partie à l'état soluble par sa conversion continuelle en nitrate et en bicarbonate de chaux, que la marne agit chimiquement sur la végétation. Quant aux sources qui peuvent ainsi fournir l'acide carbonique nécessaire à cette transformation en bicarbonate, nous les trouvons, partie dans l'air, partie dans les produits de la décomposition des matières organiques du sol.

Enfin, quelques chimistes attribuent encore une partie des bons effets du marnage, soit à la présence de débris organiques fossiles et de détritus de coquilles, soit à la présence de l'ammoniaque, que beaucoup d'espèces de marnes contiennent en proportion notable. MM. Boussingault et Payen ont trouvé de 1 à 2 millièmes d'azote dans diverses marnes du Bas-Rhin, du Gers et de l'Yonne. M. Krocker a trouvé, dans certaines marnes de l'Allemagne, depuis 1 2 millième jusqu'à 1 p. 100 d'ammoniaque.

On a trouvé aussi, dans certaines marnes, une proportion de phosphate de chaux assez sensible pour qu'on ne puisse hésiter à lui attribuer au moins une partie de leur supériorité.

CHAPITRE V.

Signes auxquels on reconnaît qu'une terre peut être marnée avec avantage. — Doses de marne qu'il convient d'employer.

La marne étant généralement infertile de sa nature, on comprend facilement qu'il serait imprudent de l'employer sur un terrain qui en contient déjà, sur un sol marneux proprement dit; cependant, si la marne, au lieu de se trouver dans la couche arable, se trouve à quelque profondeur, comme elle n'exerce alors aucune action sur le sol arable superficiel, son mélange avec ce dernier peut être avantageux, ou, en d'autres termes, le marnage pourrait, dans ce cas, produire de bons effets.

« La marne convient particulièrement, dit *Puvis*, aux sols non calcaires, froids et humides sans être marécageux. »

Toute terre qui renferme moins de 3 p. 100 de carbonate de chaux dans sa couche arable peut être marnée avec avantage, et l'on doit même chercher, dans la pratique du marnage, à amener le sol vers cette limite.

Par conséquent, on doit calculer la dose de marne à employer :

1° D'après la teneur du sol en calcaire ;

2° D'après la teneur de la marne ;

3° D'après la profondeur des labours.

En admettant, ce qui diffère bien peu de la vérité, que le poids du mètre cube de marne soit le même que celui de la terre qu'on veut amender, si l'on désigne par P le nombre de centimètres qui exprime la profondeur du labour ;

Par C la teneur du sol en calcaire, c'est-à-dire le nombre de centièmes qu'il en contient ;

Par C' la teneur à laquelle on voudrait l'amener par le marnage ;

Par X le nombre d'hectolitres de marne qu'il faudra employer par hectare pour arriver à ce résultat,

Et enfin par Q la teneur de cette marne en calcaire, on aura très-approximativement :

$$X = \frac{1000.\ P.\ (C'-C)}{Q.}$$

Rendons ceci plus clair par un exemple :

Supposons qu'il s'agisse d'amener, par le marnage, à contenir 3 p. 100 de carbonate de chaux une terre qui n'en renfermerait que 1 p. 100; supposons de plus que la profondeur des labours soit de 18 centimètres et que la teneur de la marne en carbonate de chaux s'élève à 72 p. 100, nous aurons alors :

$$P = 18$$
$$C = 1$$
$$C' = 3$$
$$Q = 72$$

et par suite $X = \frac{1000 . 18 . (3-1)}{72}$ 500 hectolitres ou 50 mètres cubes.

Pour éviter à nos lecteurs la peine de faire le calcul dans les diverses circonstances particulières dans lesquelles ils pourront se trouver, nous allons résumer dans un tableau les doses de marne qu'il convient d'employer, suivant la richesse de celle-ci en carbonate de chaux et suivant la profondeur du labour, en admettant que l'on veuille donner à la couche arable 2 p. 100 de carbonate de chaux par le marnage.

Lorsque 100 parties de marne contiennent en carbonate de chaux :	NOMBRE DE MÈTRES CUBES DE MARNE NÉCESSAIRES A UNE COUCHE DE TERRE LABOURABLE D'UNE ÉPAISSEUR DE					
	10 centimètres.	12 centimètres.	14 centimètres.	16 centimètres.	18 centimètres.	20 centimètres.
	Mètres cubes.	Mètres cubes.	Mètres cubes.	Mètres cubes.	Mètres cubes.	Mètres cubes.
10	200,»	240,»	280,»	320,»	360,»	400,»
20	100,»	120,»	140,»	160,»	180,»	200,»
30	66 7	80,»	93,3	106,7	120,»	133,3
40	50,»	60,»	70,»	80,»	90,»	100,»
50	40,»	48,»	56,»	64,»	72,»	80,»
60	33,3	40,»	46,7	53,3	60,»	66,7
70	28,6	34,3	40,»	45,7	51,4	57,2
80	25,»	30,»	35,»	40,»	45,»	50,»
90	22,2	26,4	30,9	35,4	39,9	44,4

C'est en résumant la composition des sols les mieux définis et les résultats des marnages les plus judicieux et les mieux étudiés dans leurs effets, que Puvis avait été conduit à admettre la dose de 3 p. 100 de calcaire comme la plus avantageuse pour les terres. Mais M. de Gasparin pense que l'on peut souvent descendre au-dessous de cette limite, et des faits nombreux viennent à l'appui de son opinion. Il est reconnu, en effet, que beaucoup de sols très-fertiles ne contiennent que 2 et même que 1 p. 100 de carbonate de chaux, et l'on obtient d'excellents résultats de marnages qui n'introduisent dans la couche arable que 1 p. 100 et même seulement 6/10 p. 100 de carbonate de chaux.

En somme, la dose de marne qu'il convient d'employer doit donc être et est effectivement très-variable; on doit même ajouter que, la plupart du temps, on marne trop fort. Voici, du reste, quelques données numériques : dans la Sarthe, les doses sont habituellement comprises entre 50 et 170 hectolitres par hectare; on en met quelquefois beaucoup plus encore. Dans la Brie, où les marnages sont très-fréquents, la dose varie ordinairement entre 100 et 250 hectolitres de marne par hectare, suivant la nature de cette dernière, et suivant la nature et les qualités du sol.

Quant aux frais, on estime en moyenne à 20 fr. par hectare les dépenses de transport et d'épandage, lorsque la distance de la marnière ne dépasse pas 500 mètres, et l'on ajoute 6 centimes par hectolitre pour 500 mètres d'augmentation dans la distance.

La durée de son action est également susceptible de grandes variations, suivant la nature de la marne, suivant la nature du sol, suivant la force du marnage, suivant le climat, l'exposition, la nature des cultures, etc., etc.

Chaque récolte enlève une petite proportion de l'élément calcaire, proportion plus ou moins grande, suivant la nature des plantes; une autre partie est entraînée par les eaux pluviales, soit hors du champ, soit au-dessous de la couche arable. Mais, en faisant à ces diverses causes la part la plus large, il est extrêmement probable que la proportion de 3 hectolitres par hectare que l'on admet comme minimum de la dose moyenne annuelle qu'il convient d'employer est supérieure à celle qui serait rigoureusement nécessaire. Cette dose moyenne annuelle est portée quelquefois à 12 ou 13 hectolitres, et même plus encore.

Du reste, la nécessité de renouveler le marnage se manifeste par la réapparition des plantes acides, oxalis, oseilles.... de la digitale et du chrysanthème des blés.

CHAPITRE VI.

Observations relatives à la pratique du marnage.

Nous avons distingué précédemment les marnes pures et actives des marnes à nodules, dont l'action est beaucoup plus faible et plus lente : « Il y a, dit M. de Gasparin, de grands avantages dans l'emploi des premières :

« Moins de charrois et de déboursés pour chaque marnage ;

« Rentrée plus prompte du capital enfoui ;

« Travaux plus rapides et moins gênants ;

« Effets plus en rapport avec la durée actuelle des baux.

« Enfin, dans le cas où le fermier et le propriétaire devraient concourir à l'opération, il est plus facile d'apprécier avec justice les avantages relatifs que l'un et l'autre peuvent en retirer. »

Le marnage a opéré, comme le chaulage, une sorte de révolution dans certaines contrées où il a doublé et même triplé la valeur foncière. En améliorant le sol, la marne en rend les produits plus considérables et le rend propre à certaines cultures auxquelles on ne pouvait l'employer auparavant.

Mais il faut bien se rappeler que la marne, pas plus que la chaux, ne saurait tenir lieu de fumier ; qu'il faut donner au sol une quantité de fumier d'autant plus considérable que l'on a obtenu de lui et qu'on veut en obtenir des récoltes plus abondantes. Cela se conçoit sans peine : les récoltes ont dû prélever sur sol une proportion d'éléments nutritifs d'autant plus grande qu'elles s'y sont développées plus vigoureusement; l'on doit donc, si l'on ne veut pas voir sa terre diminuer de fécondité pendant les années suivantes, ajouter au sol de nouveaux engrais pour remplacer la partie absorbée au profit des récoltes précédentes. C'est sans aucun doute pour avoir méconnu ce principe que l'on a pu dire souvent que *la marne enrichit le père et appauvrit les enfants.*

Lorsqu'une marne contiendra en proportions notables du phosphate de chaux et des principes azotées assimilables par les récoltes, celles-ci nécessiteront une moins forte dose d'engrais, ou plutôt, avec les mêmes fumures, fourniront de plus abondants produits.

Lorsqu'on est assez heureux pour avoir sous la main de pareilles marnes, elles méritent la préférence, toutes choses égales d'ailleurs.

Ce n'est pas seulement sur les terres en labour que l'on a observé les bons effets du marnage : on s'est également bien trouvé de son emploi sur les prairies naturelles non irriguées, et même sur les bois taillis. Lorsqu'on veut marner ces derniers, on choisit le moment où ils viennent d'être exploités.

Les opérations relatives à la pratique du marnage ressemblent beaucoup à celles du chaulage des terres. Le champ à marner, surtout s'il est humide, doit avoir été ameubli profondément. On charrie la marne par un temps sec et on la dispose par petits monceaux équidistants, régulièrement espacés en lignes parallèles, comme le fumier. Il est toujours profitable de déposer la marne dans les champs avant l'hiver, parce qu'elle se délite mieux et qu'elle gagne toujours en qualité à être exposée au moins quatre ou cinq mois aux influences atmosphériques. Au printemps, lorsque la terre est bien ressuyée, on répand la marne à la pelle aussi uniformément que possible, par un temps sec, et l'on passe la herse plusieurs fois de suite pour faciliter le mélange avec la terre; on donne ensuite plusieurs labours *peu profonds*, dans les meilleures conditions possibles, suivis chacun d'un bon hersage.

Lorsque la marne qu'on emploie se délite aisément, il n'est pas rigoureusement nécessaire de la déposer sur le sol avant l'hiver. On peut en quelque sorte marner en tous temps. Mais, quelle que soit l'époque à laquelle on pratiquera l'opération, il est bon de ne jamais oublier que le marnage est d'autant plus promptement efficace que la marne est plus complétement délitée.

Au lieu d'employer la marne directement et en nature, on procède quelquefois différemment : après l'avoir laissée se déliter à l'air, en gros monceaux, on la stratifie avec des gazons, des débris de végétaux divers, des fumiers, etc., pour en faire des composts analogues à ceux dans lesquels on fait entrer la chaux. Ces composts, disposés en forme de murs plus ou moins épais, doivent être mis à l'abri des courants d'eaux, et on les améliore singulièrement lorsqu'on peut les arroser avec des urines, du purin ou des eaux de lessives, de vaisselle, de savonneries, etc.

On s'explique parfaitement aujourd'hui le genre d'amélioration qu'éprouvent alors les marnes, en se rappelant qu'il se produit dans ces mélanges une abondante nitrification, et que les nitrates exercent sur le sol et sur les récoltes une action énergiquement favorable.

Suivant M. Nesbit, la formation de ces composts faciliterait en outre la nitrification de l'azote atmosphérique, et augmenterait ainsi d'une manière notable la masse des combinaisons azotées propres à fertiliser le sol auquel on les destine.

TROISIÈME PARTIE.

DES CALCAIRES COQUILLIERS

DE FORMATION MODERNE

ET DE FORMATION ANCIENNE.

CHAPITRE PREMIER.

Faluns ; leur nature ; leur emploi.

On donne le nom de *falun, faluns, marnes coquillières, calcaires coquilliers, coquilles fossiles,* etc., à des bancs de coquilles fossiles que l'on trouve tantôt sur les bords de la mer, tantôt dans l'intérieur des terres, en amas souvent très-considérables. On trouve actuellement en France de ces dépôts ou *falunières* dans un grand nombre de localités : dans les départements d'Indre-et-Loire, de Maine-et-Loire, de la Loire-Inférieure, de la Gironde, des Landes (1). On cite encore

(1) PUVIS, *Traité des amendements.*

ceux de Grignon (Seine-et-Oise), de Courtagnon (Marne), mais ces derniers ne sont encore guère exploités.

Mais c'est surtout dans le département d'Indre-et-Loire, dans le voisinage des communes de Louans, de Sainte-Marie, de Manthelon, de Rossée, de Louroux, que la pratique du falunage est le plus répandue.

Les bancs de faluns de la Touraine ne sont pas très-commodes à exploiter, à cause de l'abondance des eaux qui sourdent pendant l'extraction dans les falunières. Les habitants d'une commune se réunissent pour extraire sans interruption la quantité de falun dont ils ont besoin ; les uns s'occupent de l'épuisement, pendant que les autres extraient l'amendement.

« Le gîte de falun de Grignon est tout à fait sec, dit Puvis, et les falunières d'Angleterre sont aussi dans le même cas. »

Comme dans les marnes, l'élément dominant des faluns est le carbonate de chaux.

MM. Moride et Bobière ont trouvé dans le falun de Cléons (Loire-Inférieure) :

Matières organiques..........	0,4
Sels solubles.................	5,3
Carbonate de chaux..........	71,2
Alumine et oxyde de fer......	0,7
Silice.......................	14,0
Magnésie et perte............	8,4
	100,0

J'ai trouvé dans celui de Manthelon, sur 100 parties :

Carbonate de chaux..........	68,5
Silice avec un peu d'argile.....	25,5
Alumine et oxyde de fer......	1,6
Phosphate de chaux..........	0,3
Magnésie, substances diverses, matières organiques........	4,1
	100,0

Azote combiné, pour 10 000 parties de falun, 3 parties 1/2.

On a signalé plusieurs fois, dans quelques falunières, la présence d'ossements fossiles.

Les faluns, comme les marnes, doivent présenter de grandes différences dans leur composition, suivant les gisements et suivant la partie du banc où l'échantillon est pris, lorsque l'épaisseur du banc est un peu considérable.

L'emploi des faluns se fait comme celui de la marne ; les coquilles sont disposées sur le sol par petits tas et abandonnées pendant quelques mois à l'action de l'air ; elles deviennent alors extrêmement friables et se pulvérisent par le moindre choc ; on les répand uniformément sur le sol, puis on les mélange avec la couche superficielle au moyen d'un hersage énergique, etc.

En un mot, les opérations à exécuter pour l'emploi du falun ressemblent à celles que nous avons décrites à l'occasion du marnage.

L'opportunité du falunage d'une terre, la dose du falun à employer varient beaucoup, comme celle de la marne, suivant la nature du sol, suivant celle du falun, et l'essai de cette dernière substance se fait absolument comme un essai de marne.

Les doses habituelles, en Touraine, sont comprises entre 100 et 600 hectolitres (10 et 60 mètres cubes), et la durée des bons effets du falunage est généralement en rapport avec la proportion de falun employé, toutes choses égales d'ailleurs.

Les débris de coquilles, encore visibles au moment de leur emploi, sont presque entièrement désagrégés et méconnaissables au bout de cinq à six ans.

Suivant Puvis, la dose de falun employé est moindre en Angleterre qu'en France; et si les cultivateurs anglais, plus riches que les nôtres, et surtout plus disposés à faire de grands sacrifices, font ainsi, pour le falunage, l'inverse de ce qu'ils font pour les chaulages, on est porté à en conclure, ou que le falun d'Angleterre est supérieur au falun français en qualité, ou que les cultivateurs de la Touraine abusent de cet excellent amendement. Il appartient à l'analyse chimique de prononcer sur cette question.

Les faluns peuvent aussi être employés sous forme de composts mélangés avec des fumiers ou des débris divers, dont *ils activent la décomposition*. Cette dernière circonstance ne doit jamais être perdue de vue, lorsque l'on confectionne de pareils mélanges avec des matières calcaires quelconques, et l'on doit régler en conséquence la conduite de ces composts

CHAPITRE II.

Coquilles marines diverses.

Ces coquilles, dont l'élément dominant est encore le carbonate de chaux, peuvent être employées diversement, suivant qu'elles contiennent encore ou qu'elles ne contiennent plus les animaux qui les habitent ordinairement.

Lorsque les coquilles renferment encore leurs hôtes naturels, ce qu'il y a de mieux à faire, c'est de les enfouir dès qu'elles sont répandues sur le sol, parce qu'alors leur élément le plus actif, la matière animale qu'elles contiennent se putrifiera dans le sol, qui profitera ainsi de tous les produits de cette décomposition, d'ailleurs assez rapide.

Le mélange de ces coquillages vivants avec des fumiers ou avec des débris organiques quelconques peut encore se faire avec avantage, et les matières organiques d'une fermentation difficile subissent alors une transformation assez rapide.

Les coquilles vides, lorsqu'elles sont *récentes*, seraient d'une désagrégation difficile et n'agiraient qu'avec une extrême lenteur, si elles n'étaient pas divisées mécaniquement avant leur emploi. Composées souvent de fragments volumineux, encore enduits la plupart du temps de leur émail, qui les rend moins sensibles à l'action des agents atmosphériques qui pourraient accélérer leur destruction, ces coquilles doivent être broyées ou pulvérisées avant leur emploi.

On a essayé sur certaines espèces, et particulièrement sur les coquilles d'huîtres si communes dans nos grandes villes et sur quelques points de nos côtes, l'emploi de meules verticales en fonte ou en granit. Mais ce moyen, qui donne d'ailleurs d'assez bons résultats, est dispendieux.

On peut arriver à moins de frais au même résultat en disposant les coquilles sur un sol dur, pavé, sur le passage des charrettes ; il suffirait alors d'enlever de temps en temps, à la pelle, la poudre obtenue, et de la remplacer par de nouvelles coquilles.

M. *Bortier* a imaginé, il y a quelques années, un procédé fort ingénieux pour obtenir la désagrégation des coquilles. Ce procédé consiste à les exposer pendant quelques minutes à une température très-élevée, dans un four d'une disposition particulière, puis à les faire tomber rapidement, encore chaudes, dans une citerne pleine d'eau de mer, disposée au pied du four. Le passage subit d'une température élevée au contact de l'eau froide détermine un fendillement dans une foule de directions, et les coquilles deviennent alors très-friables et peuvent être ainsi livrées à très-bas prix, après avoir été partiellement transformées en chaux.

On ne se fait pas toujours une idée exacte de l'importance des bancs de calcaires coquilliers dont il serait possible de tirer parti pour l'amendement des terres à portée de se les procurer. M. Bortier cite comme l'un des plus remarquables le banc coquillier du rivage de la Panne, à Adinkerque, près de Furnes (Belgique), qui s'étend sans interruption sur une longueur de plus de 6 kilomètres, sur une largeur d'environ 50 mètres, et dont la profondeur considérable n'a pas encore été déterminée.

L'analyse de ces coquilles réduites en poudre a donné à M. Payen les résultats suivants, sur 100 parties en poids :

Carbonate de chaux...........	98,1
Phosphate de chaux...........	1,2
Matières organiques azotées....	0,5
Matières diverses..............	0,2
	100,0

Cette même poudre de coquilles contient sur 10 000 parties 4 parties d'*azote*.

MM. Moride et Bobière ont trouvé (1), par l'analyse d'un mélange de coquilles roulées de toutes sortes :

Carbonate de chaux...........	93,0
Phosphate de chaux, alumine et oxyde de fer réunis.........	1,5
Sels solubles divers............	2,9
Matières organiques azotées....	0,3
Silice et matières diverses......	2,3
	100,0

M. Bortier a eu l'idée d'animaliser par l'addition des *astéries, étoiles de mer* ou *fifotes* que l'on trouve sur le bord de la mer, la poudre de coquilles dont nous avons parlé précédemment; mêlées à cette poudre dans la proportion de 3 hectolitres pour 25 hectolitres

(1) *Technologie des engrais de l'ouest de la France.*

de poudre de coquilles, ces astéries transforment le mélange en un engrais d'assez grande valeur, contenant, d'après M. Heyvaert :

Carbonate de chaux...........	82,0
Phosphates...................	1,6
Silice et alumine..............	1,3
Sels de potasse, de soude et de magnésie..................	2,5
Eau et matières organiques azotées......................	12,6
	100,0

« Il faut que les cultivateurs anglais attachent une haute valeur à ces débris coquilliers que la mer apporte sur leurs côtes, dit M. Bortier, puisque l'on a construit en quelque sorte exprès un chemin de fer de Padstow à Bodmin, où des milliers de wagons de ce calcaire sont expédiés de la côte vers l'intérieur, dans les comtés de Devon et du Cornwal. »

L'espèce de sable vermiculaire que l'on désigne en Bretagne sous le nom de *merl* est encore une substance dont le carbonate de chaux est l'élément fondamental, et qui peut être employé dans les mêmes conditions que la plupart des calcaires coquilliers, avec cette différence, toutefois, qu'on lui attribue une efficacité plus grande. Les concrétions marines qui, sous le nom de *madrépores*, occasionnent tant d'embarras dans la navigation de certaines parties des mers du Sud et des Antilles, ne sont autre chose que des produits analogues dans lesquels le principe le plus abondant est encore le carbonate de chaux, et leur emploi comme amendement dans des conditions convenables donnerait des résultats analogues à ceux dont il a été précédemment question.

Enfin nous pouvons encore rattacher aux débris coquillers la *tangue* des côtes de la basse Normandie, dont il est extrait chaque année environ deux millions de mètres cubes, depuis Saint-Malo jusqu'à Isigny La tangue, en effet, n'est autre chose qu'un mélange en poudre très-fine de débris de coquilles très-diverses, de tout âge, et de sable argilo-siliceux, dans lequel on trouve de 25 à 50 p. 100 de carbonate de chaux, de 2 à 4 millièmes de phosphates, et une proportion d'azote qui peut varier depuis 3 jusqu'à 16 parties pour 10,000 parties de tangue.

Son action rappelle celle des marnes et des calcaires coquillers, avec cette différence que la proportion de matières salines, de phosphates et de matières organiques azotées qu'elles contiennent est bien plus forte que dans les marnes proprement dites.

Du reste, comme pour le marnage, le cultivateur intelligent cherche à approprier le mieux possible la tangue qu'il se propose d'employer avec la nature du sol auquel il la destine : aux sols trop meubles, il faut des tangues grasses et argileuses ; aux sols trop compactes, des tangues sablonneuses. Le tanguage des terres, pas plus que le marnage, ne dispense pas de l'emploi du fumier ; il appelle, au contraire, un complément de fumure pour produire de bons résultats.

TABLE DES MATIÈRES.

Troisième partie. — DES CALCAIRES COQUILLIERS.

BIBLIOTHÈQUE DE L'AGRICULTEUR PRATICIEN (1).

A. Goin, éditeur, quai des Grands-Augustins, 41.

ABEILLES (*Eleveur d'*), par A. de Frarière. In-18, fig. » 75
ABEILLES (*Education des*), par A. Espanet. In-18. » 40
ABEILLES (*Education des*), par P. Joigneaux. In-18. 1 25
AGRICULTURE. Quelques observations pratiques, par Bodin. Broch. » 15
ALCOOLISATION GÉNÉRALE, *Guide du fabricant d'alcools*, par Basset. 1 vol. in-18, fig. et pl., 2e édition. 6 »
ALMANACH DE L'AGRICULTEUR PRATICIEN pour 1858. 2e année. In-18, fig. » 50
AMENDEMENTS ET PRAIRIES, extrait de J. Bujault. In-18. » 60
BÉTAIL EN FERME (*Du*), extrait de J. Bujault. In-18. » 60
BETTERAVE (*Culture et alcoolisation de la*), par Basset. In-18, 2e édit. 2 »
CAILLES ET PERDRIX. Moyen de les faire produire en domesticité, par l'abbé Allart. 1 vol. in-18. 1 25
CULTURE (*De la petite*), ou Moyens faciles d'augmenter le rendement des terres de labour et de jardin par A. Espanet. 1 vol. in-18. 1 »
DINDONS ET PINTADES (*Eleveur de*), par Mariot-Didieux. In-18. » 75
DRAINAGE (*Notes sur le*), résumé d'un cours pour les cultivateurs, etc, par Hernoux, ingénieur. In-18, 9 planches. 1 »
DRAINAGE. L'art de tracer et d'établir les drains, par Grandvoinnet. In-18, 150 fig. 3
FOURRAGES (*Valeur nutritive des*), par Isidore Pierre. 2e édit. In-18. 2 »
FUMIERS COUVERTS (*Les*), ou Méthode pour traiter les engrais de ferme, par Peers, In-18. » 60
FUMIER DE FERME (*Le*), par Quénard. In-18, 2e éd. 1 25
IRRIGATION (*Manuel d'*), par Deby. In-18, 100 fig. 1 50
IRRIGATIONS par J. Donald, trad. par A. de Frarière. In-18. fig. » 50
LAITERIE (*La*), suivie de la fabrication des fromages, par A. de Thier. In-18, fig. » 75
LAPIN DOMESTIQUE (*Education du*), par F. Alexis Espanet In-18, 2e éd. 1 »
MAIS (*Du*), de sa culture et de ses divers emplois, par Keene et A. de Thier. » 30
MAIS ET SORGHO SUCRÉ (*Alcoolisation des tiges de*). Alcool. — Cidre. — Bière. — Vins artificiels : par Duret. In-18. » 75
MARNE ET CHAUX. Leur emploi en agriculture, par Isidore Pierre. In-18. » 50
MOUTONS (*Eleveur et engraisseur de*), par J.-J. Legendre. In-18. 1 »
PIGEONS DE COLOMBIER ET DE VOLIÈRE (*Eleveur de*), par Mariot-Didieux. In-18. » 75
PIGEONS, *Oiseaux de luxe, de volière et de cage*, par A. Espanet. In-18. 1 »
PISCICULTEUR (*Guide du*), par J. Remy et le docteur Haxo. In-18, grav. 1 50
PLANTEUR D'ARBRES FORESTIERS (*Manuel du*), pr Bazelaire. 2e éd. In-18 1 25
PORCHERIES (*De l'établissement des*), construction, etc. In-18, 93 grav. 2 50
PORCS (*Du traitement des*) aux différentes époques de l'année, extrait des meilleurs ouvrages anglais et traduit par J.-A. G. In-18, 30 grav. 1 25
POULES (*De l'éducation des*), des DINDES, des OIES, des CANARDS, par F. Alexis Espanet. 1 vol. in-18. 1 »
POULES ET POULETS (*Eleveur de*), par J. Allibert. In-18. » 75
RACES BOVINES (*Amélioration des*) en France, par de St-Ferjeux In-18 2e éd. 1 »
RÉCOLTES DÉROBÉES (*Des*), comme fourrages et engrais verts en général, et de la culture de la Moutarde blanche en particulier, traduit de l'anglais et annoté par J.-A. G. In-18, fig. » 75
SEMAILLES EN LIGNE (*Des*) et des semoirs mécaniques, par F. Georges. In-18. » 50
SORGHO A SUCRE. Culture, etc, par Madinier. In-8. » 60
SORGHO A SUCRE (*Guide du distillateur du*), par F. Bourdais. In-18. 1 »
TOPINAMBOUR. Culture, alcoolisation, panification de ce tubercule, par Delbetz 1 25
VÉGÉTAUX (*Nutrition des*) dans ses rapports avec les *Assolements*, par de Babo. In-18. 1 »
VERS A SOIE (*Eleveur de*), par MM. Guérin-Méneville et E. Robert. In-18, fig. » 75
VISITE à un véritable agriculteur praticien, par Durand-Savoyat. In-18. 1 25

(1) *L'Agriculteur praticien*, revue de l'Agriculture française et étrangère: 24 numéros par an, avec figures dans le texte. — Prix : 6 fr.

Evreux, A. Hérissey, imp. — 458.

www.ingramcontent.com/pod-product-compliance
Lightning Source LLC
LaVergne TN
LVHW050425160826
845677LV00002BA/544

9782329693729